ARBEITSGEMEINSCHAFT FÜR FORSCHUNG
DES LANDES NORDRHEIN-WESTFALEN

GEISTESWISSENSCHAFTEN

Sitzung am 22. Oktober 1952
in Düsseldorf

ARBEITSGEMEINSCHAFT FÜR FORSCHUNG DES LANDES NORDRHEIN-WESTFALEN

GEISTESWISSENSCHAFTEN

HEFT 8

Werner Caskel

Die Bedeutung der Beduinen
in der Geschichte der Araber

WESTDEUTSCHER VERLAG · KÖLN UND OPLADEN

ISBN 978-3-322-98179-0   ISBN 978-3-322-98856-0 (eBook)
DOI 10.1007/978-3-322-98856-0

Die Bedeutung der Beduinen für die Geschichte der Araber

Professor Dr. *Werner Caskel*, Köln

Das Alte Testament und die Keilinschriften erzählen mancherlei über arabische Nomaden. Auch können wir diesen Berichten einige Züge aus dem Nomadenleben entnehmen, welche über die Jahrtausende hinweg bis zur Gegenwart Geltung haben. Die Weissagung über Ismael (I. Mose 16,12): Er wird ein Mensch wie ein Wildesel sein — seine Hand wider jedermann und jedermanns Hand wider ihn —, trifft zu. Die Kapitel 6—8 des Richterbuches schildern einen typischen Nomadeneinfall: Midianiter, Amalekiter und die Söhne des Ostens — Namen, die hier schlechthin für arabische Nomaden stehen — überschreiten den Jordan in mehreren aufeinander folgenden Jahren, treiben ihre Kamele auf die Saatfelder und kehren wieder in die Steppe zurück. Typisch, weil die Nomaden in Jahren des Futtermangels gezwungen sind, im Kulturland für ihre Herden Weide zu suchen. — Aus den assyrischen Feldzugsberichten des 8. und 7. Jahrhunderts ergibt sich, daß die Nomadenwirtschaft nicht autark ist, sondern Oasenwirtschaft, Handelsverkehr oder die Kontrolle einer Handelsstraße, an der Zoll erhoben wird, voraussetzt; denn Gold, Silber, Blei, Eisen, Elefantenhaut, Elfenbein, Stoffe, Pfauen und Rinder, welche von den arabischen Königinnen und Fürsten neben Kamelen den assyrischen Königen als Tribut dargebracht werden, sind keine Erzeugnisse der Syrischen Wüste.

Die nächsten Zeugen sind die Araber selbst. Etwa seit der Mitte des zweiten Jahrhunderts v. Ch. beginnen sich nämlich die Felswände Nordarabiens mit kurzen Inschriften zu bedecken. Zu ihrem Verständnis müssen wir einen Blick auf die politischen und wirtschaftlichen Zustände werfen, welche in Arabien in den beiden Jahrhunderten vor und nach Christi Geburt herrschten: Das Innere der Halbinsel war von einem Kranz von Randstaaten umringt. Im Nordwesten reichte das Königreich der Nabatäer vom Hauran bis einige km südlich Higra. Dann folgte das Königreich Lihjan mit der Hauptstadt Dedan. Daran schloß sich eine, wenn auch nicht lückenlose Reihe ähnlicher Gebilde bis hin zur Grenze des Bereiches der alten südarabischen Kultur. Dieser begann im Norden mit dem Königreich Saba und endete mit dem Königreich Hadramaut, landeinwärts der Küste des Indischen Ozeans. Im Osten lagen die Stadtstaaten Gerrha und Chatt. Jener in der größten natürlichen Oase Arabiens, dieser an der Küste. In Mesopotamien finden wir die die Vorposten des sich ständig lockernden parthischen Bundes der Arsakiden: Charakene und Hatra. Im Norden schloß Palmyra den Ring. Alle diese Staaten lebten vom Handel mit indischen oder afrikanischen Waren, die im Westen besonders vom Handel mit Weihrauch, für den Südarabien das Monopol hatte. Die Erträge wurden u. a. für die Förderung der Landwirtschaft verwendet, die Anlage von Talsperren, Kanälen, Terrassen und ihre Instandhaltung, in Südarabien auch für eine Textil- und Lederindustrie. Da die Randstaaten auch durch Straßen verbunden waren, die quer durch die Halbinsel liefen, und da an diesen Routen Orte lagen, die mehr waren als bloße Karawanenstationen, wurde ein Teil der Bevölkerung des Innern direkt oder indirekt durch den Handel absorbiert.

Es gab selbstverständlich auch Nomaden: Hirten im Bereich der Oasen, aber auch solche mit einem größeren Wandergebiet. Diese Nomaden schreiben. Sie zeichnen die Gegenstände ihrer Umwelt: Kamele, Pferde, Steinböcke, Antilopen, Gazellen, Strauße, Hyänen, Wölfe, Hunde und gelegentlich auch sich selbst. Diese Zeichnungen dienen, soweit es sich um Jagdtiere handelt, magischen Zwecken. Sonst sind diese Beduinen von echter Frömmigkeit erfüllt. Diese Gaben sind meist gesunkenes Kulturgut. Die älteste Form ihrer Schrift stammt aus der Oase Taima. Die Zeichnungen[1] sind z. T. von Tierreliefs der nord- und südarabischen Städte abhängig. Die Religion ist zwar in ihrem Ausdruck völlig ursprünglich, aber in ihrem Bestand an Göttern und Riten den Städtern entlehnt. Im übrigen will das Bild, das wir aus den Inschriften von diesen Beduinen gewinnen, nicht recht zu ihrer Charakteristik im Alten Testament passen, wohl aber zu dem eben entworfenen Rahmen. Denn wir hören nie von Krieg, sondern nur gelegentlich von Rache und Beute. Deshalb bedarf das Individuum keiner festgefügten, größeren Gemeinschaft, es genügt der Schutz der Sippe, die bis zum Großvater oder Urgroßvater reicht.

Gehen wir aber nach Norden, an den Saum der Syrischen Wüste östlich Damaskus, so finden wir in einem kleinen vulkanischen Gebiet, dem eine fruchtbare Senke vorgelagert ist, Inschriften, die eine ganz andere Sprache

---

[1] von vorgeschichtlichen angeregt.

führen. Sie beginnen später als die in Arabien, enden aber auch später als
diese. Hier herrscht der Kampf aller gegen alle, Überfälle, Blutrache. Hier
finden sich festgefügte Gemeinschaften, nennt der einzelne seine Vorfahren
bis zum zehnten Gliede, die mit ihrer Nachkommenschaft den Stamm bilden. Es tritt uns hier zum ersten Male das Beduinentum entgegen; denn jene
Züge sind eben das Merkmal der Beduinen, ein Begriff, den ich darum bisher vermieden habe. Nicht wesentlich für diesen Begriff ist es, ob die Beduinen Vollnomaden, d. h. Kamelzüchter, sei es mit einem beschränkten
oder einem größeren Wanderbereich, oder Halbnomaden, Schaf- und Ziegen-
züchter, meist im Gebirge oder gar mehr oder weniger seßhaft geworden sind.

Fragt man, warum dieses Beduinentum in der Syrischen Wüste eher auf-
tritt als im eigentlichen Arabien, so lautet die Antwort: wegen der ständi-
gen Unruhe, die im Norden durch die periodische Einwanderung arabischer
Nomaden bewirkt worden ist. Wir kennen die Wandergeschichte jener
Frühzeit nicht genau, sondern nur ihre Ergebnisse, z. B. daß die Jetur, ein
Stamm im Ostjordanland, im zweiten Jahrhundert v. Chr. zwischen Libanon und Hermon auftauchen und dort einen Staat gründen, und daß arabische Nomaden (Skeniten) im ersten Jahrhundert bis zu der Linie Apamaea
— Thapsakus — Sindjar vordringen.

Kehren wir nach Arabien zurück! Hier ist im 2. und 3. Jahrhundert
n. Chr. durch Zerschlagung und Aushöhlung der Randstaaten ein völliger
Wandel der politischen und wirtschaftlichen Verhältnisse vor sich gegangen.
105 wurde der nördliche Teil des Nabatäerreiches von Rom eingezogen.
Der römische Einfluß, der zunächst tief nach Nordwest-Arabien gereicht
hatte, schwand gegen 170. 227 wurde der parthische Bund der Arsakiden
durch den persischen Einheitsstaat der Sassaniden über den Haufen gerannt,
die später Hatra zerstörten und sich der ostarabischen Küste bemächtigten.
275 fiel Palmyra. Um 300 gingen die südarabischen Staaten in einem
größeren Reiche auf, dessen Dynastie aus dem Volke Himjar stammte. —
Rom und Persien hatten andere Interessen, als den arabischen Handel auf-
recht zu erhalten, von ihren Kriegen ganz abgesehen. Und wenn auch Palmyra und Petra, die ehemalige Hauptstadt der Nabatäer, später eine Nach-
blüte erfahren haben, so läßt diese sich überhaupt nicht mit dem früheren
Zustand vergleichen. Infolgedessen begannen die Karawanenstraßen und
die Oasen zu veröden, wobei natürlich auch die wachsende Verarmung der
Antiken Welt mitspielte.

Parallel diesem Rückgang des Handels und Landbaus dringt der Begriff
„ᶜArab", der im Norden immer bekannt war, nach Süden vor, bis er im

3. Jahrhundert Südarabien erreicht, nicht als Volksname, sondern als Berufs-
bezeichnung: Nomaden oder Halbnomaden, und mit dem Namen die Sache.

Die Wirkung auf die Gesellschaft Innerarabiens ist eigentümlich: es
bilden sich wandernde Völkerschaften und ein wanderndes Königtum —
dies natürlich ein Erbe des Königtums der Randstaaten. Ptolemäus kennt,
in der zweiten Hälfte des 2. Jahrhunderts, u. a. die Völkerschaften Asad
und Tanūch in Innerarabien. Ein Jahrhundert später befinden sie sich an
der Euphratlinie und schließlich in Syrien. Ihnen folgten die Nizār, von
denen aber ein Teil in Arabien zurückblieb.

Von der gesellschaftlichen Entwicklung, die sich vom vierten bis ins sechste
Jahrhundert in Nordarabien vollzogen hat, kennen wir nur die Ergebnisse
und den äußeren Rahmen, den ich hier kurz skizzieren muß: Arabien ist
ein Vorfeld in den dauernden Kriegen zwischen Rom, später Byzanz und
Persien, deren letzter, 604—28, beide Großmächte so zerfrißt, daß sie dem
Ansturm des Islam nicht Stand halten. Persien gründet einen Pufferstaat
an der Euphratlinie, Rom/Byzanz begnügt sich zuerst mit der Ernennung
von Stammeshäuptern zu Phylarchen, folgt aber 529 dem persischen Beispiel, indem es die Nomaden der Syrischen Wüste und des Ostjordanlandes
unter einer Dynastie aus dem Stamme Ghassān zusammenfaßt. Auch
Südarabien beteiligt sich an diesem Spiel, und zwar, mit einer oder vielleicht
zwei Ausnahmen, auf römischer Seite. Es errichtet zuerst einen Stützpunkt
in Arabien und dann ebendort einen freilich recht kurzlebigen Pufferstaat.
Da aber auch die Ghassān und ihre Nebenbuhler im Osten ihren Einfluß
nach Innerarabien durch Bündnisse und Kriegszüge ausdehnen, ist nicht nur
die Syrische Wüste, sondern auch Arabien in dieser Periode ein Kriegs-
schauplatz. In diesem Rahmen hat sich die beduinische Gesellschaft gebildet,
die ich jetzt darstellen werde.

Die Wasser- und Weideverhältnisse in den verschiedenen Jahreszeiten
nötigen die Beduinen zu einem bestimmten Turnus des Wanderns. Im Früh-
jahr bedecken sich Steppe, Sand- und Steinwüsten strichweise mit einer
Vegetation, die kurze Zeit so reich ist, daß die Tiere kein Wasser brauchen
und der Mensch von Milch leben kann. Von den Frühjahrsweiden führt der
Turnus im Sommer zu perennierenden Wasserstellen und im Herbst, soweit
nicht Regen fällt, und Winter zu den Oasen. Um die Frühjahrs- und gegebenenfalls die Herbstweide auszunutzen, müssen sich die Beduinen weit
verteilen und in Einheiten von 50 bis 150 Zelten auflösen, während ihnen
die übrigen Jahreszeiten eine stärkere Konzentration erlauben. Freilich
zwingt das Bedürfnis nach Sicherheit jene kleinen Einheiten auch im Früh-

jahr, sich nicht weiter als einige Stunden von einander zu entfernen, damit sie, etwa in Stärke von 500 Zelten, einem feindlichen Überfall begegnen können; denn in der Steppe herrscht das Faustrecht, soweit es nicht durch Blutsbande oder Verträge eingeschränkt ist.

Diese natürliche Gesellung steht in Wechselwirkung mit der politisch-gesellschaftlichen Ordnung der Beduinen, dem Stammessystem. Dieses System beruht auf der Blutsgemeinschaft oder der Fiktion derselben; denn es können einzelne oder Gemeinschaften durch Eidverbrüderung in einen Stamm eintreten oder als Beisassen, bis sie im Laufe der Zeit völlig absorbiert werden. Die Bindung durch die Blutsgemeinschaft hängt ihrerseits mit der sogenannten Blutrache, besser Talio, und ihrem Ersatz, dem Blutgeld, das natürlich in Vieh zu bezahlen ist, zusammen. Denn es unterliegt nicht nur der Mörder, sondern jedes Mitglied seiner Blutsgemeinschaft der Talio, ebenso ist das Blutgeld von seiner Blutsgemeinschaft aufzubringen. Diese Regelung gilt für jeden Totschlag, auch im Kriege. Das Gegenstück zur Blutrache ist das Schutzrecht, das gegenüber Beisassen, Fremden, Feinden, Ausgestoßenen ausgeübt werden kann. Der Schutz, den der einzelne ausspricht, bindet die ganze Gemeinschaft. — Das Stammessystem wird durch die natürliche Gesellung insofern durchkreuzt, als nur die kleinsten Einheiten, die ständig miteinander wandern und zelten, und die nächstgrößeren, d. h. die Unterstämme und ihre Zweige, solidarische Gruppen bilden. Daß die Solidarität nicht über die Unterstämme hinausgeht, sieht man an den häufigen „Bruderkriegen", die freilich als Unrecht empfunden werden, und an den Bündnissen, die innerhalb der Stämme häufiger sind als außerhalb. Was über den Stamm hinausgeht, die Stammverbände, meist frühere Stämme, die sich durch natürliche Vermehrung und Einverleibung Schwächerer auseinandergelebt haben, sind lediglich ideale Einheiten, zusammengehalten durch den Stolz auf ihren wirklichen oder vermeintlichen Stammvater und durch die Eifersucht gegenüber ihresgleichen.

In dieser Stammesorganisation gibt es kein Führeramt, geschweige denn eine Hierarchie. Eine amtsähnliche Stellung kann ein Häuptling nur erlangen, wenn er von einer nichtbeduinischen Macht ernannt oder bestätigt wird. Sonst ist er nur primus inter pares. Seine Autorität ist gewöhnlich ererbt. Seine Stellung erfordert einen gewissen Reichtum an Herden; denn er muß eine unbegrenzte Gastfreundschaft üben und zur Tilgung der Blutschulden in höherem Maße beitragen als seine Stammesgenossen. Der Reichtum gibt ihm die Möglichkeit, mehr Frauen zu heiraten oder von einer mehr Kinder zu erzielen als die gewöhnlichen Beduinen, deren Frauen durch

Armut und Arbeit frühzeitig verbraucht und daher wenig fruchtbar sind.
Er gewinnt dadurch die Macht, das Schutzrecht unter allen Umständen
durchzusetzen und seine Verletzung zu ahnden.

Diese Nomaden verstehen weder zu schreiben noch zu zeichnen. Auch
sind sie religiös lau. An die Stelle der Schrift ist das lebendige Wort des
Häuptlings, des Richters, des Redners getreten, an die Stelle des Bildes die
Dichtung. Eine sehr eigentümliche Dichtung, in welcher der Poet zwar seine
und die Interessen seines Stammes vertritt, beider Taten feiert, aber sich
auch als den Einsamen, sich den Banden der Liebe und der Stammesgenossen
Entziehenden[1] darstellt und in dieser Einsamkeit die Wüste und ihre Tier-
welt mit scharfen Strichen bis in die Einzelheiten zeichnet. — Rede und
Dichtung sind intergentil. Sie sprechen eine neue Sprache, das Klassische.
Arabisch. — Die Religion ist durch das seit dem 4. Jahrhundert eindringende
Christentum ausgehöhlt worden. Sie wird mehr als Brauch der Väter denn
aus wirklicher Überzeugung ausgeübt. Aber das Christentum selbst hat
nirgends die Gesellschaftsordnung zerstört und nur wenige Herzen gewonnen.

Die Stammesorganisation, die neue Sprache und die Dichtung finden sich
nicht nur bei den Beduinen, sondern, freilich durch die abweichenden natürlichen Gegebenheiten etwas verändert, auch bei den Seßhaften und in den
Städten. Das kommt daher, daß alle Oasen, ausgenommen die von Juden
bewohnten im Nordwesten, im Besitz von Stämmen oder der seßhaften
Abteilungen von Nomaden waren. — Über beiden, Beduinen und Seßhaften,
steht als Richter die öffentliche Meinung: „. . . denn wir scheuen das Gerede
unter den Arabern". Diesem Gemeinschaftsbewußtsein entspricht ein alle
Stämme Mittelarabiens umfassender Kult: die Wallfahrt nach Arafa bei
Mekka, mit der gewöhnlich ein Besuch des mekkanischen Heiligtums, der
Kaba, verbunden wird, und damit zusammenhängend ein intergentiler
Treffpunkt, die Messe von Ukaz. Die Araber haben sich also schon vor
dem Islam, wenn auch nicht als eine Nation, so doch als ein Volk gefühlt.
Diese Einheit aber war erkauft mit der Beduinisierung Arabiens.

Das Gemeinschaftsbewußtsein und die neue Sprache reichten im Norden
bis zu den Höfen der beiden Pufferstaaten, im Südwesten soweit, wie die
Raubzüge und die Dichtung gingen — das gehört nämlich zusammen; denn
solche Taten wurden in einer mit Versen untermischten Prosa erzählt —
d. h. bis zur Südgrenze des heutigen Asir und Negran. Darüber hinaus war
die neue Sprache durch Einwanderung und Handelsverkehr weiter nach

---

[1] *Ruth Stiehl,* in Altheim, Spätantike und Christentum, Tübingen 1951, 117 ff.

Süden gedrungen. An den Sitzen des südarabischen Adels dürfte sie durch fahrende Dichter (wie A^cschā) verbreitet worden sein, etwa wie das „Provencalisch" unseres Mittelalters.

Sonst verharrten diese Nachkommen der alten Sabäer und Himjariten in stolzer Abgeschlossenheit. Sie hatten ein Geschichtsbewußtsein, das den Nordarabern völlig fehlte, gegründet auf Sagen und auf die Kenntnis wenigstens der jüngeren Inschriften (die letzte datierte stammt von 554); denn sie sprachen noch himjarisch.

Die Beduinenstämme sind der sich seit 622 in Medina bildenden religiös-politischen Gemeinschaft des Islams allmählich beigetreten, die näheren früher, durch Kriegszüge erschreckt, die ferneren später, ab 630 nach dem Falle Mekka's und dem Anschluß des ostarabischen Oasengebietes. Viele von ihnen haben an den Aufständen teilgenommen, die sofort nach dem Tode des Propheten an mehreren Plätzen Arabiens ausbrachen, im wesentlichen deshalb, weil sie keine Steuern zahlen wollten. Bemerkenswert, daß in Südarabien und Oman, wo die Beduinen abfielen, die Aristokratie Medina treu blieb. Die Erhebungen wurden übrigens mit überraschender Schnelligkeit niedergeschlagen. Etwaige Ressentiments schwanden in den Eroberungskriegen, die sich unmittelbar an die Niederwerfung anschlossen. — Man darf den Anteil der Nomaden an diesen Kriegen nicht überschätzen; denn in Nordarabien war etwa die Hälfte der Einwohner seßhaft, in dem viel stärker bewohnten Südarabien (das heutige Asir eingerechnet) vielleicht ein Drittel. An der Euphratlinie haben allerdings zwei, dort nomadische Stämme, Bekr und Tamīm, den Angriff auf Persien eingeleitet.

Das Heer bildete den Grundstock der arabischen Bevölkerung in den neueroberten Gebieten. Die Familien der Heeresangehörigen folgten ihnen. Später siedelten sich dort größere Gruppen an, so am oberen Euphrat und in Ägypten, z. T. auf Veranlassung der Regierung. Endlich schoben sich ganze Stämme nach Norden.

Die Auswanderung hat tiefgehende Veränderungen in der gesellschaftlichen Ordnung hervorgerufen. Die Stammverbände, in Arabien ideale Einheiten, wuchsen in den Provinzen zu wirklichen Gemeinschaften zusammen; denn es fanden sich in den neugegründeten Heerstädten, in Basra und Kufa, in Alt-Kairo und erst recht in den kleineren Garnisonen, größere und kleinere Einheiten eines Verbandes, die in Arabien durch die Entfernung ihrer Streifgebiete und die Verschiedenartigkeit ihrer Interessen getrennt waren, auf engem Raum zusammen, wo sie gemeinsame Interessen gegenüber den Angehörigen anderer Stammverbände hatten. In Basra waren hauptsächlich Bekr und Tamīm vertreten, in Kufa Angehörige fast aller Stämme Arabiens. In Basra wohnten die Verbände nach Stadtvierteln getrennt, in Kufa waren die Stadtviertel anders eingeteilt, aber diese wiederum nach Verbänden. Nach dieser Einteilung wurden die Araber in die Heeresrolle eingetragen, nach der gleichen zogen sie zu Felde. Das wiederholte sich in Persien und im weiteren Osten, weil diese Gebiete vom kufischen und vom basrischen Heer erobert worden waren. Mit diesen Stammesgenossen blieben die Wehrmänner von Kufa und Basra in Fühlung, dagegen verloren sie allmählich den Zusammenhang mit den Gemeinschaften in Arabien, von denen sie ausgegangen waren. Trotzdem haben sie gewisse Eigenschaften aus ihrer früheren Lebensweise lange bewahrt. Das Stammeswesen, obwohl nun staatlich sanktioniert, vertrug sich nicht mit der Staatshoheit; denn der Stamm deckte seine Missetäter und Schützlinge nicht nur gegen seine Nachbarn, sondern auch gegen die Regierung. Gefährlicher war der Instinkt der Gruppeneifersucht. In Basra lebten Bekr und Tamīm auf Grund alter Fehden der Heidenzeit in einem gespannten Verhältnis. Als sich die mit den Bekr verbündeten Azd (Südaraber) um 680 durch Zuzug aus Oman erheblich verstärkten, wuchs die Spannung. — Zur gleichen Zeit tauchten allenthalben halbverschollene und neue Gemeinschaftssymbole auf: Qais, Mudar (= Qais und Tamīm), Rabīᶜa (= Bekr und Verwandte), Qahtān, Symbole, unter denen sich die bestehenden Gruppen erweiterten. In Kufa wurde die Gruppeneifersucht durch eine religiöse Spaltung überdeckt, in Alt-Kairo war sie gar nicht vorhanden, weil die Besatzung zum größten Teil aus Südarabern bestand.

In Syrien lagen die Verhältnisse etwas anders. Während die Einwanderer im Irak eine im wesentlichen fremde Bevölkerung angetroffen hatten, stießen sie in Syrien auf eine zum Teil arabische Bevölkerung, nämlich alle die Stämme, die einst zu dem von den Ghassān regierten byzantinischen Pufferstaat gehört hatten. Diese setzten sich aus 3 Gruppen zusammen: zu der ersten zählten u. a. die Tanūch, die uns ja schon begegnet sind, zur zweiten Stämme, die sich in byzantinischer Zeit langsam aus Nordwestarabien nach dem Ostjordanland vorgeschoben hatten. Die Stämme der dritten Gruppe reichten zu Beginn des Islams von nördlich Medina quer durch die Syrische Wüste nach Palmyra. Ihre Vorposten dort waren die Kelb. Da diese mit der seit 641 in Damaskus regierenden Kalifendynastie der Umaijaden mehrfach verschwägert waren, fiel den Kelb von selbst die Führung jener „Alten Araber"[1] zu. Die „Neuen Araber" setzten sich aus

---

[1] Die zweite Gruppe ausgenommen.

Einheiten mittelarabischer Stämme zusammen; denn die Südaraber, die ursprünglich unter den Einwanderern überwogen, standen großenteils in dem von Syrien aus eroberten Ägypten. Obwohl sich die „Neuen Araber" gegenüber den „Alten" zu einer Gruppe Qais zusammentaten, lebten sie mit den „Alten" in Frieden, bis ein dynastischer Streit auch sie in zwei einander feindliche Parteien verwandelte. Die Spannung entlud sich in einer Schlacht nördlich Damaskus, wo die Kelb und ihr Anhang nebst den Südarabern für einen umaijadischen Kronprätendenten, die Qais für einen mekkanischen fochten, 684. Die Qais erlitten eine furchtbare Niederlage, und das vergossene Blut trieb sie zum Rachekrieg. In diesem Kriege verbreiterten sich die Fronten so, daß sich die Kelb und ihr Anhang zum Südarabertum bekennen mußten. Zu der gleichen Zeit, als in Syrien die Wirren begannen, waren die feindlichen Gruppen in Basra in einem Straßenkampfe und im Osten in einem Kriege zusammengeprallt. Allmählich entwickelte sich die Feindschaft zwischen Mudar und Rabīʿa, zwischen Nord- und Südarabern, zu einem blinden Parteihaß, der auch nach Nordafrika und Spanien übergriff. Darüber haben sich die arabischen Stämme im Osten gegenseitig vernichtet, ist Spanien fast verloren gegangen und die Dynastie der Umaijaden, das arabische Reich, im Zusammenhang mit den religiösen Spaltungen, gestürzt worden.

Jene Gegensätze spiegeln sich in der Genealogie wieder. Genealogien und genealogische Literatur gibt es bei vielen Völkern, aber eine Genealogie, die ein ganzes Volk mit all seinen Gliederungen, mit all seinen bedeutenden Männern und Frauen von grauer Vorzeit bis zur Gegenwart in Tausenden von Namen umfaßt, existiert nur bei den Arabern. Sie zerfällt in eine nord- und in eine südarabische. Dieses Werk ist natürlich nicht nur aus politischen Antrieben, sondern auch aus religiösen (die Ahnen des Propheten, der Märtyrer des Islam und der Korankenner) und wissenschaftlichen entstanden und gewiß nicht, ohne daß das Judentum dabei Pate gestanden hätte; enthält doch das Alte Testament einen Ansatz zu einer umfassenden Genealogie. Es haben eine ganze Reihe von Genealogen an diesem Werke gearbeitet, bis sie einen vorläufigen Abschluß in der Vulgata eines Gelehrten aus Kufa erhielt, der ein hervorragender Altertumsforscher, zugleich aber ein hemmungsloser Phantast war, um 800.

Betrachten wir zuerst die Genealogie der Nordaraber! Was ich hier zeige, ist nur ein unvollständiges Gerippe und begreift nur die obersten Stufen der Genealogie in sich. Die Namen bezeichnen an sich Personen, die meisten von ihnen gleichzeitig Gemeinschaften. Um einen zeitlichen Anhalt zu ge-

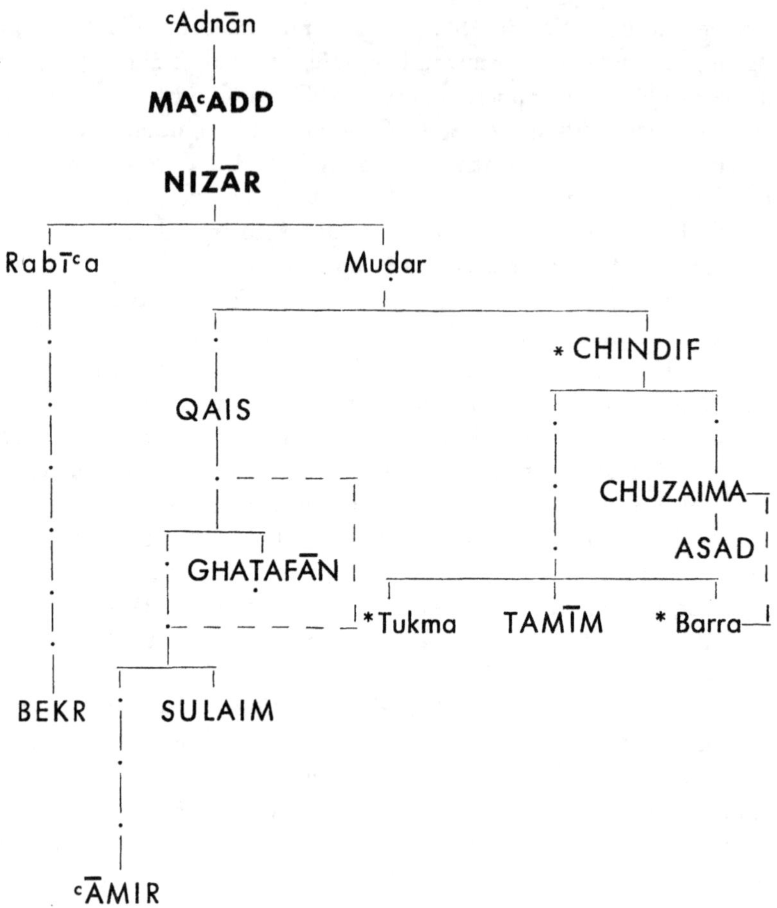

winnen, bemerke ich, daß der Prophet Mohammed, geb. um 570, 8 Generationen tiefer steht als das hier verzeichnete, jüngste Glied: ᶜĀmir. — Die gestrichelten Linien bedeuten: verheiratet mit, Frauen haben ein Sternchen vor sich, Stammverbände und -Gruppen sind in großen Buchstaben, Völkerschaften fett gedruckt. — Von den Verbänden kennen wir Bekr und Tamīm aus ihren späteren Wohnsitzen in Basra und Persien, von den Gruppen Qais, außerdem Rabīᶜa und Muḍar. Wenn diese beiden hier nicht in großen Buchstaben erscheinen, so deshalb, weil diese Namen ursprünglich keine genealogischen Gruppen bezeichnet haben. Unter den Völkerschaften sind uns die Nizār begegnet: ein Teil von ihnen war im 3. Jahrhundert nach der Euphrat-Linie gewandert. Maᶜadd und Nizār sollten eigentlich statt unter-, nebeneinander stehen; aber soviel ist richtig, daß die Chindif, und zwar ohne Vermittlung durch Muḍar, aus den Nizār und die Qais aus den Maᶜadd hervorgegangen sind. Nicht aber die Rabīᶜa. Dieser Name deckt eine Reihe von Stämmen, die einmal als geschlossener Block im zentralen Teil des mittelarabischen Gebirgszuges (Ṭuwaiq) gesessen und ein Volk gebildet haben, dessen Name verschollen ist. Rabīᶜa ist eine Sagengestalt, erst spät bezeugt, Muḍar wird in der alten Poesie öfter genannt; es fragt sich nur, in welchem Sinne. Die Teilung in Rabīᶜa und Muḍar spiegelt natürlich die oben geschilderten islamischen Verhältnisse wider. Andere Züge lassen sich jedoch aus dieser Situation nicht erklären. Erstens, wie ist es möglich, daß Muḍar zwischen Chindif und Nizār eingeschoben werden konnte, obwohl die Genealogie Chindif — Nizār, in der Chindif übrigens ein Mann ist, wohl bekannt war? Zweitens, was bedeutet es, daß Tamīm durch seine beiden Schwestern einerseits mit Chuzaima und andererseits durch zweimalige Heirat mit den Qais verbunden ist? Im Islam hat keine Veranlassung zu einem derartigen genealogischen Kunstgriff bestanden, der die Stämme an ihre Verwandtschaft mahnen sollte. Anders vor dem Islam: Damals waren die Tamīm mit den Asad (ibn Chuzaima), sowie mit den Ghatafān und ᶜĀmir, Nachkommen von Qais, verfeindet. Wer aber hatte damals ein Interesse daran, diese Stämme zu verbrüdern? Die Stämme selbst bei ihrer gegenseitigen Eifersucht gewiß nicht. Ebensowenig die Pufferstaaten; denn diese regierten die Beduinen per Divide et impera. So bleibt nur Mekka übrig, das allerdings für seinen Kult, die Wallfahrt und seine Messen Frieden brauchte und ihn auch in Form eines zweimonatigen Waffenstillstandes in jedem Jahr durchgesetzt hat. Demnach bezeichnet der Name Muḍar ursprünglich keine genealogische Gruppe, sondern die Stämme der Kultgemeinschaft von Mekka. Ist Muḍar kein genealogischer Begriff, so erklärt es sich auch, warum er zwischen Nizār und Chindif eingeschoben werden konnte. — Auf Mekka, und zwar das heidnische Mekka, führt noch ein Datum zurück, der Name ᶜAdnān, der an der Spitze des Systems steht. Das ist nämlich entweder der Name eines nabatäischen Gottes oder eines vergöttlichten Königs der Nabatäer. Er muß in der Heidenzeit wie übrigens auch andere Dinge der nabatäischen Kultur, welche den Untergang des Königsreiches (106) lange überdauert hat, nach Mekka gelangt sein. Welche Funktion er ursprünglich in Mekka gehabt hat, ist allerdings undurchsichtig.

Das südarabische System ist eine Replik auf das im Entstehen begriffene nordarabische. Hatten die nordarabischen Genealogen die koranische Erzählung, daß Abraham und Ismael die Gründer der Kaba seien, in völliger Verkennung ihrer heilsgeschichtlichen Bedeutung, benutzt, um in Anlehnung an das Alte Testament ihre Genealogie an Ismael anzuknüpfen, so wurden sie von den südarabischen Genealogen übertrumpft, indem diese ihr Gemeinschaftssymbol Qaḥṭān mit dem biblischen Joktan, der ja höher steht, gleichsetzten. Beides wird in der Vulgata vorausgesetzt, aber infolge einer damals aufkommenden Tendenz, die zunächst wahllos aufgenommenen biblischen und anderen fremden Stoffe wieder hinauszuwerfen, gestrichen. Galten Abraham und Ismael im Koran als Muslime, so wurde ein himjarischer König ebenfalls zum Muslim vor dem Islam gestempelt. Pochten die Nordaraber auf ihre Verwandtschaft mit dem Stamme Quraisch, dessen Angehörige das Reich regierten, so antworteten die Südaraber mit einer Geschichtsfälschung, indem sie die Zahl der ihnen aus den Inschriften bekannten Könige vervielfachten und sie zu Welteroberern machten. Diese Dinge sind in die Vulgata nicht aufgenommen worden, vielleicht nur deshalb, weil sie den genealogischen Rahmen gesprengt hätten.

Betrachten wir nun die Genealogie! Saba' und Himjar stehen richtig als Vertreter des ältesten und jüngsten südarabischen Kulturvolkes, bzw. ihrer Dynastien. Eigentlich gehört auch Hamdān hierher, weil es ebenfalls mehrere Dynastien gestellt hat, was den Südarabern aus Inschriften bekannt war. Wenn man sie von Saba' getrennt hat, so deshalb, weil die Hamdān inzwischen zum Teil beduinisiert worden waren. Im übrigen ist die Gruppe, zu der sie hier gestellt werden, eine geographische. Kahlān ist nämlich ein Dorf (in Südarabien gehen Orts- und Stammesnamen überall durcheinander) und deshalb als Gruppenbezeichnung gewählt, weil es in der Mitte zwischen dem Gebiet der Maḏḥiǧ und Azd im Norden und dem der Hamdān im Süden lag. Die weitverzweigten Maḏḥiǧ waren ursprünglich die Kultgemeinschaft eines Gottes, der in Gurasch verehrt wurde, etwa 475 km südlich Mekka gelegen. Mit den Ṭai hat es eine besondere Bewandtnis, auf die ich hier nicht näher eingehen kann. Dagegen haben die Quḍāʿa sowie die Lachm und Guḏām mit Südarabien nichts zu tun. Sie sind uns übrigens schon bekannt; denn sie stellen mit den Ghassān die „Alten Araber" Syriens dar. Tanūch und Asad (damals nur durch ihre Nachkommen, die Qain, repräsentiert) bilden die erste Gruppe. Sie sind hier einfach den Quḍāʿa angehängt, obwohl sie mit ihnen nicht verwandt sind; denn diese beiden Völkerschaften werden ja schon von Ptolemäus erwähnt — damals in Inner-

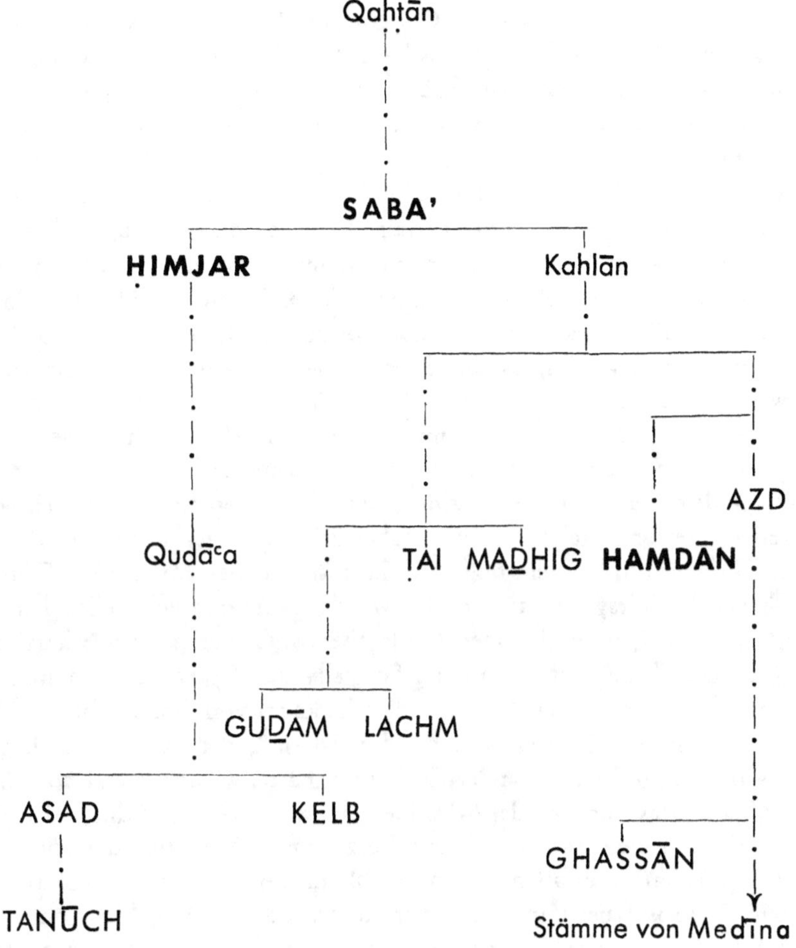

arabien. Sie sollten daher in der Genealogie viel höher und nebeneinander stehen. Die übrigen Qudāᶜa, von denen hier nur die Kelb gezeichnet sind, machen die dritte Gruppe[1] aus, Lachm und Gudām, beide nicht miteinander verwandt, aber durch lange Nachbarschaft verbunden, die zweite. Diese Gruppe hat sich nach anfänglichem Schwanken, angeblich zwischen 680 und 683, für Qahtān erklärt, die Qudāᶜa (Kelb) nach 684 für Jemen (Südaraber). Die beiden Gruppen sind in der Genealogie auf verschiedene

[1] Die Übertragung des südarabischen Namens Qudāᶜa auf Angehörige der dritten Gruppe ist bei der Gründung von Kufa 638 erfolgt.

Linien verteilt, weil die Begriffe Qaḥṭān und Jemen damals noch getrennt waren. Spiegelt sich hier die politische Entwicklung in Syrien, so weist die letzte Spalte in ältere Zeiten zurück: Azd, ein großer Verband, der von Asir nach Südarabien und selbst bis Oman vorgedrungen war — Ghassān, ein Bund von Stämmen, der sich an einer gleichnamigen Wasserstelle (bei Muschallal, ca. 120 km) nordwestlich Mekka gebildet haben soll — die beiden Stämme, die Medina bewohnten. In welchen Beziehungen diese drei Verbände sonst miteinander standen, kaum verwandtschaftlichen, eher nachbarlichen, sicher haben sie einmal die Kultgemeinschaft der Göttin Manāt in Qudaid (ca. 115 km) nordwestlich Mekka, gebildet. Daß die Erinnerung an dieses religiöse Band sich in die Vorstellung eines Blutsbandes verwandelte, als das genealogische Denken über die einzelnen Stämme hinauswuchs, läßt sich verstehen. Dann aber mußten sich auch die Ghassān und die Stämme von Medina zu den Südarabern rechnen.

Unter dem Kalifat der Abbasiden, seit 750, haben sich die Parteigegensätze bald verloren, teils weil die Araber überhaupt gegenüber den Persern in den Hintergrund traten, teils weil das alte, auf den Milizen der Stämme beruhende Militärsystem abgeschafft wurde. Nur an zwei Stellen hat sich der Gegensatz Qais und Jemen (Südaraber) in seiner ganzen Schärfe mit unglaublicher Zähigkeit bis an die Schwelle der Gegenwart erhalten, im Libanon und in Palästina. Arabien selbst ist kaum von ihm berührt worden.

Es hat fast bis 850 gedauert, bis der Aderlaß, den Arabien zu Beginn des Islams durch die Auswanderung erlitten hatte, wieder ersetzt war. Bald darauf steht das Land an der Schwelle eines zweiten Ausbruches, wiederum unter einem religiösen Vorzeichen: kurz vor 900 begann die gnostische Sekte der Ismaïlija in allen Teilen der islamischen Welt zur Revolution zu rüsten. Diese ist zuerst in Ostarabien ausgebrochen (899), hier von einem nicht ganz linientreuen Flügel der Sekte, den Karmaten, getragen. Zwei Stammeshäupter saßen später als „Kriegs- und auswärtiger Minister" im obersten Rate der Karmaten. Mehr bedeutet die Teilnahme der Stämme an ihren kriegerischen Unternehmungen. Ohne die schnelle Beweglichkeit der Beduinen und ihre, freilich negativen Tugenden der Ausdauer im Ertragen von Strapazen und der völligen Bedürfnislosigkeit, hätten sich die weitgespannten Feldzüge der Karmaten gar nicht durchführen lassen, z. B. der von 927—29. Damals vernichteten sie ein großes Heer vor Kufa, kamen Baghdad bis auf wenige Kilometer nahe, marschierten Euphrat aufwärts, sandten Streifscharen bis an den Fuß der kleinasiatischen Berge vor und kehrten unbehelligt nach Ostarabien zurück. Das Gleiche gilt für die Feldzüge nach Palästina und Syrien, 964 und 968, durch welche die Karmaten den Vormarsch der Ismaïlija, die inzwischen Nordwestafrika an sich gerissen, von Tunis nach Ägypten unterstützten. Als es dann nach der Einnahme von Kairo zum Bruch zwischen den beiden Richtungen kam, und die Karmaten tief in Ägypten gegen die Ismaïlija fochten, wurden sie von den Beduinen im Stiche gelassen, die dem Golde der Ismaïlija nicht widerstehen konnten.

Die Feldzüge der Karmaten haben eine neue Welle von Stämmen nach Syrien, dem Irak und Mesopotamien in Bewegung gesetzt. Sie begegnete hier sonderbarerweise einer anderen Welle, die von Norden kam. In der nordsyrischen Steppe hatte sich nämlich in der ersten Hälfte des zehnten Jahrhunderts bei den dort angesiedelten Nomaden eine Rückbildung zu ihrer ursprünglichen Lebensform vollzogen. Um 950 überschritt ein Teil dieser Stämme den Euphrat und dehnte sich allmählich bis Mossul und schließlich bis zum Irak aus, wo er also mit den von Süden kommenden Stämmen zusammentraf.

Inzwischen hatte das Abbasidenreich begonnen, sich in Kleinstaaten aufzulösen. Die Häupter jener Stämme paßten sich rasch dieser Tendenz an, indem sie versuchten, die von ihren Beduinen besetzten Gebiete in Fürstentümer zu verwandeln. Die Reichsverweser in Baghdad mußten sich damit abfinden, weil sie nur auf diese Weise in dem von Beduinen überschwemmten Lande zu Geld kommen konnten. — In diesen „Beduinenstaaten" mischten sich beduinisches Herkommen und staatliche Notwendigkeiten in eigentümlicher Weise. Die Fürsten hatten Regierungspaläste in ihrer Hauptstadt und hielten sich Wezire, aber sie wohnten, wenigstens zeitweise, in Zeltlagern, und mancher von ihnen zog es vor, ganz in der Steppe zu leben, statt sich den Regierunggeschäften zu widmen. Die Thronfolge hing von der Zustimmung des Stammes ab. Der Stamm bildete das Heer, aber die Fürsten mußten daneben Söldner unterhalten, weil sich ihre Interessen nicht immer mit denen ihres Stammes deckten und sie daher nicht in allen Fällen auf diesen rechnen konnten. — Dieses Nebeneinander von höfischer und beduinischer Gesittung hat unter den Fürsten einen ritterlichen Typ geschaffen, der dem alten Beduinentum ganz fremd war.

Die Dynastie der türkischen Seldjuken, seit 1055 im Irak, hat mit diesen Beduinenstaaten allmählich aufgeräumt. Der letzte ist, in den Kampf zwischen den Seldjuken und dem wieder aufsteigenden Kalifat hineingezogen, 1150 zugrunde gegangen. Sein Stamm (die Asad) konnte erst nach hartnäckigem Widerstand bezwungen werden.

In Syrien, wo ja die gleichen Verhältnisse wie im Irak bestanden: Neu-
einwanderung im Süden, Beduinisierung im Norden, ist das Entstehen
solcher Staaten durch eine andersartige politische Entwicklung gestoppt
worden. Zwar beschlossen 1021 drei Stammesführer, das Land unter sich
zu teilen. Aber nur einer von ihnen ist zum Zuge gekommen.

Wir müssen unseren Blick jetzt nach Nordafrika wenden. Um das Jahr
1050 brachen zwei lange in Ägypten wohnhafte Stämme, Hilāl und Sulaim,
unter noch nicht ganz sicher festgestellten politischen Umständen, nach
Westen auf. Sie überschwemmten Tunisien und drangen im 12. Jahrhundert
in Algerien und Marokko ein. Diese Invasion hat Nordafrika zur Steppe
gemacht, aber auch zu einem arabischen Lande; denn die ursprüngliche
Bevölkerung, die Berber, ist erst seit dieser Zeit in den Hintergrund getreten.

In der Kreuzzugszeit sahen sich einige Halbnomadenstämme in Palästina gezwungen, mit den Franken gemeinsame Sache zu machen, wenn sie
ihre Heimat nicht verlassen wollten; das Gleiche wiederholt sich jetzt in
unseren Tagen.

Nach der Eroberung Baghdad's durch die Mongolen (1258) gewannen
die Beduinen in der Syrischen Wüste politische Bedeutung. Als der Vorstoß
der Mongolen (1260) in der Schlacht an der Goliathsquelle in Palästina
gescheitert war, wurden die Beduinen von beiden Seiten umworben. Baibars,
der zweite Sultan des Mamluken-Reiches, d. h. des aus der Sklavengarde
der Eijubiden von Ägypten und Syrien hervorgegangenen Militärstaates,
besoldete Stämme an der Euphratlinie und selbst in Ostarabien, damit sie
ihm Spionendienste leisteten und die Mongolen durch Raubzüge störten.
Einem Brauche der letzten Eijubiden folgend, verliehen die Mamluken-
Sultane den Häuptern einiger bedeutender syrischer Stämme den Titel Emir
und reihten sie damit in ihre militärische Hierarchie ein. Wie die Mamluken
wurden sie zum Kriegsdienst aufgeboten und statt des Soldes mit Gütern
belehnt. Einige dieser Stämme waren Großnomaden, z. B. die Faḍl, welche
den Sommer in Nordsyrien, den Winter tief in Arabien zubrachten, gedeckt
durch Bündnisse mit anderen Stämmen. Eben diese Wanderung, die sie in
den Bereich der Mongolen brachte, zwang ihre Häupter trotz ihren mam-
lukischen Titeln und Belehnungen zu einer Schaukelpolitik. Sie vollzog
sich gelegentlich so, daß der regierende Emir mit einem Teil des Stammes
zu den Mongolen übertrat, während ein Bruder von ihm die Führung in
Syrien übernahm und vice versa. Die Mongolen erwiesen sich gegenüber
diesen Emigranten sehr großzügig, indem sie ihnen die Steuereinahmen der
allerdings herabgekommenen Städte Kufa, Hille und Basra verliehen.

Als die Osmanen 1516 Syrien, ein Jahr später Ägypten eroberten, änderten sich die Machtverhältnisse unter den syrischen Stämmen, wie das bei jedem Wechsel der Souveränität zu geschehen pflegt. So traten z. B. an die Stelle der Faḍl die Mawālī, die jedoch unter einer Seitenlinie der Emire jenes Stammes standen. Ich hätte diese Namen nicht erwähnt, wenn sie nicht mit einer Erscheinung zusammenhingen, die an die ältesten Zeiten des Arabertums in der Syrischen Wüste, das 8. und 7. Jahrhundert, und wiederum an die Blüte Palmyra's erinnert.

Seit die Portugiesen den Zugang zum Roten Meere gesperrt hatten, und der Indische Handel, der so lange über Kairo nach dem Mittelmeer gegangen war, sich einen neuen Weg nach Westen suchte, gewann die Überlandroute, die auf dem rechten Euphratufer durch die Steppe führt, eine neue Bedeutung. Ihr Mittelpunkt war das Städtchen Ana, wo die Straßen von Basra, Baghdad und Mossul zusammenliefen, um nach Aleppo, Tripolis und Damaskus auseinander zu gehen. Unter diesen Umständen bildeten sich gegen 1550 zwei Beduinenstaaten im Euphrattal, der nördliche, den Mawālī gehörig, unter osmanischer Souveränität, der südliche seit 1623, als die Perser den Irak eroberten, unter persischer. Die Osmanen erwarteten von den Mawālī Hilfe in den Kriegen mit Persien und erhielten sie auch. 10 000 Kamele sollen den Nachschub für die Belagerungsarmee Sultan Murad's IV. vor Baghdad getragen haben (1638). Mit der Eroberung von Baghdad scheint der südliche Beduinenstaat sein Ende gefunden zu haben. Durch den Rückgang des Überlandhandels, der durch die Brechung des portugiesischen Monopols seitens der holländischen und englischen Flotten hervorgerufen wurde, verlor auch der nördliche seine Bedeutung. Die Verminderung der Zölle und die Brutalität der osmanischen Beamten, denen dieser wirtschaftliche Niedergang unbegreiflich war, machten die Mawālī zum Raubstamm.

Die Osmanen hatten die Häupter der Mawālī zu Bannerherren des früheren Lehens der Fadl in Syrien und des Bezirkes Ana ernannt. Wie hier so haben sie auch sonst an Einrichtungen der Mamluken angeknüpft, z. B. in der Organisation des Schutzes der Pilgerzüge. Bis zum Ende des Abbasiden-Kalifats (1258) war der Baghdader Pilgerzug der bedeutendste. Unter den Mamluken wurde es der ägyptische, neben ihm der damaszenische. Unter den Osmanen der letztere; denn hier begann die Wüstenreise für die Pilger aus den nördlichen Reichsgebieten. — Die Notwendigkeit eines besonderen Schutzes für die Pilgerkarawanen hat sich in der Karmatenzeit ergeben. Im Jahre 938/39 war den Karmaten von der Regierung in Baghdad

ein Pilgerzoll für das freie Geleit der Karawane zugestanden worden. Nach
dem Fall der Karmaten nahmen sich die Beduinen dieses Recht heraus.
Wurde der Zoll nicht oder nicht in voller Höhe gezahlt, so hielten sie die
Karawane auf oder plünderten sie, falls die Eskorte zu schwach war, um
die Pilger zu beschützen. Es hat Jahrhunderte gedauert, bis dieses unsichere
Verhältnis eine feste Regelung gefunden hat, eben durch die Mamluken.
Die Anlieger der Pilgerstraße übernahmen die Verpflichtung, die Karawanen in ihrem Abschnitt zu schützen und erhielten dafür Zoll. Freilich
sind diese Abkommen öfter gebrochen worden, wobei die Schuld, wenigstens nach den Berichten aus der osmanischen Zeit, auf beiden Seiten lag.

Es lassen sich die beduinischen Ansprüche aber noch in einen anderen Zusammenhang stellen; sie betreffen nämlich nicht nur Pilger-, sondern auch
andere Karawanen, einzelne Reisende, Oasen und Dörfer an der Grenze
zwischen Steppe und Kulturzone. Es steckt hinter alledem nichts ande-
res als das Schutzrecht, das man sich, wenn es sich nicht um Beduinen
handelt, bezahlen läßt. Ansätze zu dieser Umbildung des Schutzrechtes
gibt es bereits in vorislamischer Zeit in dem Verhältnis der von Juden
bewohnten und bebauten Oasen Nordwestarabiens zu den umwohnen-
den Beduinen. Das älteste Beispiel, daß ein Außenposten der Kultur
den Beduinen Schutzgelder zu entrichten hat, stammt vom Ende des
10. Jahrhunderts. Es handelt sich um Rusafa in der Nordsyrischen Steppe
mit dem Kloster des H. Sergius. Am besten kennen wir solche und zwar
recht komplizierte Schutzverhältnisse vom Sinaikloster, urkundlich vom
15. bis 17. Jahrhundert belegt. Das ist dann überall gang und gäbe geworden und hat sich an der Wüstengrenze Syriens und Mesopotamiens bis zum
ersten Weltkrieg erhalten. Es sei noch erwähnt, daß solche Schutzverhältnisse wie in alter Zeit stets individuell sind. Der Gewinn daraus kommt
daher direkt nur den Häuptlingsfamilien und den Geleitsmännern der Karawanen und erst indirekt dem Stamme zu.

Ende des 18. Jahrhunderts erfolgte der dritte Ausbruch aus Arabien,
wie im Islam und bei den Karmaten unter einer religiösen Parole, dem
Wahhabitentum. Der Urheber dieser Richtung wollte den Islam, der damals
noch in der mystischen Glaubenswelt des Mittelalters lebte, auf die schlich-
ten Lehren des Propheten zurückführen, das islamische Gesetz, das seit lan-
gem zurückgedrängt worden war, durchführen und den Aberglauben bei den
arabischen Hirten und Bauern ausrotten. Gestützt auf einen Oasenfürsten,
den Ahn des heutigen Königs von Arabien, gelang es ihm, diese Reform
durchzusetzen. Um 1794 war Inner- und Ostarabien unter der Herrschaft

der Familie So'ūd geeint, um den Preis eines 50jährigen Krieges. Dann zogen die wahhabitischen Heere nach Westen, nach Süden gegen Oman und Jemen und bedrohten im Norden Syrien und den Irak. 1811—18 brach dieses erste Wahhabitenreich unter den Schlägen des Paschas von Kairo, des Stammvaters der annoch ägyptischen Dynastie, zusammen. Die Expansion der Wahhabiten hat die letzte Beduinenwelle nach den Ländern des Nordens in Bewegung gesetzt. Manche Stämme flohen vor den Steuererhebern der Wahhabiten, andere folgten ihren Heeren. Diese Einwanderung hat in Syrien und Mesopotamien abermals einen Rückgang der Kulturzone bewirkt.

Wenn so die Beduinen, gerade in der Neuzeit, als Gegner jedes Staates und — natürlich — als Feinde des Landbaues erscheinen, so haben sie doch ein unbestreitbares Verdienst um die Erhaltung des arabischen Volkstums. Seit der Eroberung Syriens und des Irak durch die Araber haben sich unzählige Scharen Fremder über diese Länder ergossen, als Söldner und Sklaven, als Eroberer und Beamte: Perser und Türken, Afrikaner und Kaukasier, Mongolen, Turkmenen und die Völker des osmanischen Reiches. Kurden und Luren sind aus ihren Bergen herabgestiegen, Tscherkessen und Tataren haben dort eine neue Heimat gefunden. Wenn Syrien und vor allem der Irak trotzdem arabische Länder geblieben sind, so ist das einzig und allein der fortdauernden Einwanderung der Beduinen zu verdanken.

Noch bis zum ersten Weltkrieg waren die guten Familien der größeren Städte Syriens und des Irak ihrem Volkstum entfremdet und sprachen Türkisch, nicht durch Zwang; denn das alte osmanische Reich war kein Nationalstaat. Erst durch die jungtürkische Revolution von 1908 erwachte das Arabertum in diesen Ländern. Als dann die Jungtürken Nationalisten wurden, entstand jene Spannung, die im Weltkriege zur Aufrollung der arabischen Frage geführt hat. Die Erfolge der durch Beduinen wesentlich verstärkten arabischen Armee in Westarabien und im Ostjordanland haben die erste arabische Regierung in Damaskus ermöglicht, 1918.

Ich schließe mit einer Übersicht über die jetzige Bedeutung der Beduinen in den arabischen Ländern. *Arabien:* Nach politischen Rückschlägen in den Jahren 1909—10 entschloß sich der Gründer des zweiten Wahhabitenreiches, der jetzige Herrscher von So'ūdī-Arabien, die beduinische Gesellschaftsordnung, deren Nachteile er eben in diesen Jahren erfahren hatte, zu sprengen. Er gründete zu diesem Zwecke mehrere Militärkolonien, deren Insassen zugleich Ackerbauer und Hirten werden sollten, und schloß diese in einer Gemeinschaft der Brüder/Ichwān zusammen. Langsam, aber stetig

begannen Mitglieder aller Stämme solche Kolonien zu gründen, teils aus
Freude an den neuen Waffen, die ihnen geliefert wurden, teils aus einem
durch die Propaganda für diese Reform geschürten Fanatismus. ᶜAbd el-
ᶜAzīz Āl Soᶜūd verdankt die Eroberung Nord- und Westarabiens wesentlich den Ichwān. Die Reform hatte aber einen schwachen Punkt: trunken
von ihren Erfolgen, drohten die Ichwān-Führer, dem König über den Kopf
zu wachsen. 1927 versuchten sie ihn durch Einfälle in den Irak in einen
Krieg, letztlich mit England, zu treiben. Als der König widerstand, erhoben sie sich gegen ihn. Der Aufstand wurde mit Mühe und nur durch den
Appell an die verpönte Stammeseifersucht bezwungen, 1929. Wie sich die
Verhältnisse gestaltet haben, seit Arabien durch das Erdöl aus dem ärmsten
zum reichsten arabischen Land geworden, ist noch nicht zu übersehen.

In *Ägypten* sind die Beduinen seit etwa 100 Jahren bedeutungslos, in
Algerien haben sie sich zum letzten Mal 1871 im Zusammenhang mit dem
Deutsch-Französischen Kriege erhoben. Transjordanien oder *Jordanien,* wie
es jetzt heißt, ist noch ein Beduinenland. Die Bauern und Städter südlich
des Jabbok teilen Sprache, Sitte und Stammesorganisation mit den Beduinen. Dabei sind sie keineswegs alle beduinischer Herkunft, sondern vielfach
die Nachkommen von Seßhaften, übrigens z. T. Christen. Es hat sich dort
also etwas Ähnliches zugetragen wie im vorislamischen Arabien.

In *Syrien* ist das Beduinentum seit 1925 sehr zurückgedrängt worden.
Die nordsyrische Steppe steht wieder unter Kultur wie im Altertum. Doch
hat die Bevölkerung dort ihren Stammescharakter bewahrt wie auch sonst
an der Wüstengrenze und im Hauran-Gebiet. Ähnlich steht es in Ober-
mesopotamien, dessen Hauptteil ja politisch zu Syrien gehört. Die Stämme
der Syrischen Wüste, teils zu Syrien, teils zum Irak gehörig, sind noch
Nomaden.

Der *Irak* selbst hat kein Nomaden-, sondern ein Stammesproblem. Die
Ufer des Euphrat und Tigris und die „Insel" zwischen ihnen, auch die Ufer
des Dijala, sind nämlich von seßhaft gewordenen Stämmen bewohnt. Diese
Stämme haben, soweit sie unter dem Einfluß der schiitischen Geistlichkeit
standen — die Schia ist eine im Irak sehr verbreitete heterodoxe Richtung
des Islam — mit Mut und Zähigkeit 1920 gegen die Engländer gefochten.
1935 und 1937 kam es zu neuen Stammesunruhen; sie waren eine Reaktion
gegen das veraltete Agrarsystem und die praktische Zurücksetzung der Schia
im öffentlichen Leben.

Es wäre reizvoll, den Spuren nachzugehen, die das Beduinentum in dem
Charakter des arabischen Volkes hinterlassen hat; aber das würde eine
eigene Arbeit füllen.

Diskussion

Professor D. Martin Noth

Obwohl der eigentliche Forschungsgegenstand des Herrn Vortragenden in dem gewichtigen mittleren Teil des Vortrags zur Sprache kam, liegt mir daran, an den ersten Teil des Vortrags anzuknüpfen. Hier scheint es mir wichtig, gewisse geschichtliche Fragen und Begriffe zu klären. Der Herr Vortragende hat mit dem Begriff des Nomaden begonnen. Die Erscheinung des nicht seßhaften Nomaden hat es an den Rändern der Kulturländer um die syrisch-arabische Wüste herum auf Grund der naturgegebenen Lebensbedingungen neben der Erscheinung des seßhaften Kulturlandbewohners wohl immer gegeben, soweit überhaupt unsere geschichtliche Kenntnis zurückreicht. In der Geschichte des nicht seßhaften Nomaden hat nun der Übergang zur Domestikation des Kamels eine sehr bedeutende Rolle gespielt. Während früher der Esel das Hauptarbeitstier des nicht seßhaften Nomaden gewesen ist, hat die Domestikation des Kamels die Möglichkeit gegeben, das Kamel als Reit- und Lasttier zu verwenden. Das hat eine ganz wesentliche Umstellung im Leben des nicht seßhaften Nomaden bedeutet, der damit über größere Räume zu verfügen die Möglichkeit gewann und von den weit verstreuten Wasserstellen unabhängiger wurde. Es hat in der letzten Zeit eine mehr oder weniger lebhafte Diskussion stattgefunden über die Frage, wann die Domestikation des Kamels im Bereich der syrisch-arabischen Wüste erfolgt sei. Das literarisch älteste Zeugnis ist die alttestamentliche Gideongeschichte in Ri. 6–8, die in das 11. Jh. v. Chr. führt. Es ist bisher nicht nachgewiesen worden, daß die Domestikation des Kamels in ältere Zeiten zurückgehe. Das Kamel als Tier ist dem alten Orient wohl schon früher bekannt gewesen, aber seine Domestikation in größerem Maße ist erst für die Zeit vom 11. Jh. v. Chr. an bezeugt. Die Mari-Texte vom mittleren Euphrat aus dem 18./17. Jh. v. Chr. kennen das Kamel offenbar noch nicht. Für die Frühgeschichte des Nomadentums ist die Domestikation des Kamels jedenfalls von erheblicher Bedeutung gewesen.

Der Herr Vortragende hat zwischen einem älteren Nomadentum und einem jüngeren Beduinentum unterschieden. Wenn ich ihn recht verstanden habe, ist er der Meinung, daß der Beduine speziell der kriegerische, streitbare Nomade sei.

Professor Dr. Werner Caskel

Die Beduinen unterscheiden sich von ihren Vorgängern durch die oben gekennzeichnete Stammesorganisation.

Professor D. Martin Noth

Diese Unterscheidung arbeitet – auch hinsichtlich der Stammesorganisation – mit einem argumentum e silentio. Da unsere Kenntnis älterer Zeiten sehr mangelhaft ist, bleibt die Beweiskraft eines argumentum e silentio unsicher. Sollte es nicht auch schon in älteren Zeiten eine Stammesorganisation gegeben haben? In diesem Zusammenhang wäre die Frage interessant, wie die beiden arabischen Begriffe *'arab* und *bedu* voneinander zu unterscheiden sind bzw. ob sich etwas Bestimmtes darüber sagen läßt. Dabei taucht die Frage auf, woher der Begriff „Araber" komme und was er ursprünglich bedeutet habe. Heute würden wir unter politischem Gesichtspunkt etwa sagen, unter „Araber" seien die Mitglieder der arabischen Liga zu verstehen. Oder wir könnten „Araber" diejenigen nennen, die arabisch sprechen. Das sind natürlich nicht Erklärungen der eigentlichen und ursprünglichen Bedeutung des Begriffs. Der Begriff kommt, wenn ich recht unterrichtet bin, zuerst in assyrischen Königsinschriften des 8./7. Jh. v. Chr. vor. Dann begegnet er in späteren Teilen des Alten Testaments, angefangen etwa mit dem 7./6. Jh. v. Chr. Der Herr Vortragende hat in einem bestimmten Zusammenhang gesagt, der Begriff „Araber" sei kein Volksname, sondern irgend eine appellative Bezeichnung, die einmal von Osten nach Süden gewandert sein müsse. Diese letztere Feststellung wüßte ich gern genauer begründet. Daß „Araber" nicht ursprünglich ein Volksname gewesen ist, leuchtet ein. Denn um ein geschlossenes Volk hat es sich anfangs gar nicht gehandelt. Auch eine gemeinsame Sprache allein genügt nicht zur Bildung einer Volkseinheit. Eine Kultgemeinschaft als Trägerin des Begriffs „Araber" ist uns auch nicht bekannt. Somit muß die Frage nach Aufkommen und ursprünglicher Bedeutung des Begriffs „Araber" wahrscheinlich offen bleiben und damit zugleich die Frage nach dem Aufkommen eines arabischen Volksbewußtseins. Die genealogischen

Systeme, von denen der Herr Vortragende ausführlich gesprochen hat, setzen ein Zusammengehörigkeitsbewußtsein voraus, aber sie erklären naturgemäß nicht sein Entstehen. Man könnte vermuten, daß der Begriff „Araber" ursprünglich eine bestimmte Lebensweise bezeichnete; und man könnte als Analogie dazu vielleicht den alttestamentlichen Begriff „Hebräer" heranziehen. Daß mit der großen geschichtlichen Erscheinung des Islam die Dinge anders geworden sind, ist klar. Die schwierigen Probleme betreffen die vorislamische Zeit.

Professor Dr. Werner Caskel

Es freut mich, Herr Kollege Noth, daß ich von Ihnen noch etwas lernen konnte; denn mit der Frage der Domestikation des Kameles habe ich mich nicht befaßt. Es ist natürlich völlig richtig, was Sie dazu bemerkt haben. Nun aber zu der Frage nach der Entstehung des arabischen Volkes. Der geographische Begriff Arabien und die Ausdehnung des Begriffes Araber auf die Bevölkerung der Halbinsel stammen von den Griechen. Die Aribi der Assyrer wohnen in der syrisch-arabischen Wüste, und auch im AT bezeichnet Arabien nur den Nordwesten des Landes. Als Volksname im Sinne der Griechen und diesen durch nabatäische Vermittlung entlehnt, taucht „Araber" zum ersten Male in einer Inschrift vom Jahre 328 n. Chr. auf, aber einem Könige in den Mund gelegt, dessen Untertanen dieser Begriff völlig fremd war. Sie haben weiter gefragt, welche Belege ich für die Behauptung hätte, daß der Begriff „arab" im Sinne von Nomaden oder Halbnomaden parallel dem Niedergang der Randstaaten nach Süden gewandert sei. Ich habe diese Belege in einem im Druck befindlichen Vortrag in Mainz gegeben. Erst im 4. und 5. Jahrhundert ist „Arab" zu einem Volksnamen geworden: durch die Beduinisierung Arabiens.

Professor Dr. Thomas Ohm

Ich habe nur ein paar Fragen, so die Frage, ob die Araber auch in Ostafrika und anderen von Arabien entfernten Gebieten ihr Stammeswesen beibehalten haben, und wie sich dieses Stammeswesen unter geographisch ganz anderen Verhältnissen auswirkt. Außerdem würde ich gerne wissen, wie die Stämme gegliedert sind. Wir haben ja wohl gehört, daß die Stämme in Unterstämme und kleinere Gruppen zerfallen. Spielen in den Stämmen auch die Sippen und die Großfamilien eine Rolle usw.? Schließlich würde ich gerne etwas

Näheres hören über das Verhältnis der Stämme zu den Völkerschaften. Was ist mit diesen Völkerschaften gemeint? Dann hätte ich noch gern einen Beleg oder Beiweis dafür (haben wir überhaupt welche oder sind das nur Mutmaßungen), daß es sich bei den altarabischen Zeichnungen um Zeichnungen magischen Zweckes handelt?

Professor Dr. Werner Caskel

Ich darf gleich beim Letzten anknüpfen: Früher waren es nur Vermutungen, wir haben aber jetzt Zeichnungen, und zwar aus Südarabien, neben denen der magische Text steht. Zur zweiten Frage: Ich muß gestehen, daß mir von einer Stammesgliederung der Araber südlich vom Sudan nichts bekannt ist. Die Einwohner der ostafrikanischen Küste sind, soviel ich weiß, aus Hadramaut und Oman eingewandert; in diesen Ländern gibt es auch noch heute ein Stammeswesen. Sie fragten weiter, wie sich die Sippen und die Großfamilien zu der Stammesgliederung verhielten. Diese sind wesentliche Glieder im Stammessystem. Besonders bei den neueren Beduinen, bei denen die Sippe etwa der „chamse" entspricht, das ist die Gemeinschaft, welche das Blut zu rächen hat, an der die Blutrache vollzogen wird oder die gegebenenfalls das Blutgeld aufbringt. Auch die Völkerschaften beruhen auf den Sippen, aber diese sind nicht, wie bei den Stämmen, durch die Idee der Blutsgemeinschaft untereinander verbunden, sondern durch das Königtum oder durch Nachbarschaft.

Professor Dr. Peter Rassow

Ich habe aus dem Vortrag entnommen, daß in gewissen historischen Situationen bei den Arabern die Genealogen eine besondere Rolle zu spielen begannen. Wir Historiker sind den Genealogen für viele Hilfe dankbar. Aber sie brauchen auch gelegentlich unsere Hilfe. Wenn wir zur Hilfe herangezogen werden, dann bemerken wir bei den Genealogen, daß, wie Sie es nannten, Phantastik eine gewisse Rolle spielt. Ich würde lieber sagen, daß die Ausfüllung von Lücken in den Genealogien bisweilen von den Genealogen etwas leicht genommen wird. Ich würde gerne wissen, wie die Genealogen, von denen Sie sprachen, die also hier offenbar eine ganz große Bedeutung in einer gewissen historischen Situation gehabt haben, sich auf schriftliche Quellen gestützt haben, und welcher Art die Methoden waren, nach denen sie die

Lücken ausgefüllt haben. Es liegt ja nahe, sich die Antwort selber zu erteilen, ich wäre aber doch froh, wenn Sie ein Wort dazu sagen wollten, denn die Ausfüllung von genealogischen Lücken ist auch in der modernen Zeit ein Problem, mit dem Historiker und Genealogen zu kämpfen haben.

Professor Dr. Günther Jachmann

Ich möchte eine Frage aufwerfen, die sich vielleicht passend einfügt. Wir haben viel Interessantes gehört über die genealogische Systematisierung des Volkes und der Stämme und so fort. Es ist dies ja in fast allen Völkergruppen ein ganz verbreitetes Bestreben, diese genealogische Gliederung. Ich erinnere nur an das Altertum, besonders bei den Griechen, übernommen aber auch von den Römern. Daraus ist sogar eine ganze eigene Dichtung entstanden, präsentiert für uns vor allem durch den Namen Hesiod mit seiner Theogonie, den Eoeen usw. Die Genealogien wurden großenteils Adelsregister oder wenigstens Anknüpfungsmöglichkeiten für die Abstammung, welche die Adelsgeschlechter sich zuschrieben. Nun war es aber dort, bei den Griechen zumindest, so, daß an der Spitze immer irgendein göttliches Wesen stehen oder wenigstens eine Gottheit eingeschaltet sein mußte. Es kann auch eine weibliche sein, denken wir z. B. an Aphrodite, als Mutter des Aeneas und der Aeneaden, was dann weitergeht zu den Römern. Es wäre nun interessant zu erfahren, ob es dazu eine Analogie in der arabisch-beduinischen Welt gibt, oder ob dort diese Begriffe so stark säkularisiert waren, vielleicht auch infolge eines vorherrschenden Monotheismus, daß einfach nicht genügend göttliche Wesen – um mich einmal etwas elastischer auszudrücken – vorhanden waren, um diese Zurückführungen auf einen göttlichen Stammesahnen herzustellen, oder ob man sich begnügte etwa mit einem Helden gottähnlicher Natur. Das läßt sich vielleicht anknüpfen an das, was der Herr Vorredner gesagt hat, deshalb wollte ich es hier vorbringen.

Professor Dr. Werner Caskel

Ich darf Herrn Jachmann erwidern, daß die arabische Genealogie nichts mit der Absicht, Adelsgeschlechtern einen göttlichen Ursprung zu erteilen, zu tun hat. Es finden sich keine göttlichen Wesen in den obersten Reihen, es sei denn Adnan, der an der Spitze des nordarabischen Systems steht, aber nicht in der Funktion wie bei den Griechen. Zu Herrn Rassows Bemerkungen: Ich wollte nicht und habe auch nicht die Genealogen der Phantastik bezichtigt,

sondern ich habe nur gesagt, daß der Verfasser der Vulgata merkwürdiger-
weise zugleich ein hervorragender Altertumskundler, ein glänzender Philo-
loge und ein hemmungsloser Phantast war. Die Phantasie bezieht sich weniger
auf die Ausfüllung von Lücken, als auf genealogische Sagen. Nun muß ich
noch hinzufügen, daß sich bisher kein Mensch systematisch mit diesen Dingen
beschäftigt hat, daß aber hoffentlich im Anfang des nächsten Semesters eine
Doktorarbeit von einem meiner Schüler erscheinen wird, die nähere Aus-
kunft darüber geben wird.

Sie haben vorhin nach schriftlichen Quellen gefragt. Von solchen stand den
Genealogen nur eine einzige zur Verfügung. Sie stammt aus den Kirchen der
Hauptstadt jenes Pufferstaates, den die Perser am Euphrat errichtet hatten
und deren Bewohner Christen waren. Kaum eigentliche Kirchenbücher, sondern etwa Tafeln, auf denen die Herrscher jener Dynastie verzeichnet waren,
die älteren anscheinend ohne Regierungsjahre. Vielleicht auch noch eine früh-
arabische Inschrift. Sonst beruht alles auf mündlicher Überlieferung.

Die Araber besaßen ja unter anderem eine alte Dichtung, die herausge-
geben werden mußte. Auch haben die arabischen Historiker sehr bald erkannt,
daß die Dichtung die einzige sichere Quelle für die Geschichte Arabiens vor
dem Islam sei. Freilich wurden infolgedessen poetische Belege für geschichtliche Hypothesen gefälscht. Die Philologen aber haben sich weniger für solche
historischen Fälschungen interessiert als für literarische.

Prälat Professor Dr. Georg Schreiber

Es war sehr bemerkenswert, was Sie über Familie, Sippe, Stamm und dann
auch über die Völkerschaften mitteilten. Hat man doch den Eindruck, daß
in diesem Fragenbereich Ethnologen und Historiker oft mit Hilfsbegriffen
arbeiten, die noch keinen festen Boden besitzen. Gern hätte man etwas über
die formgebenden Elemente dieser Gemeinschaftsbildungen erfahren, über
das Blut, die Sprache, das Volkstum, über die Bedeutung des schicksalhaften
und raumbildenden geschichtlichen Erlebnisses, das ja betont erwähnt wurde,
wenn politische Zertrümmerungen und Katastrophen arabischer Entwicklungen aufgedeckt wurden. Parallelen zur abendländischen Entwicklung öffnen
sich. Vom Abendland her wissen wir, daß gegensätzlich gerichtete Stämme
durch religiöse Heroen eine Annäherung, ja eine Einigung erfuhren. So sagt
uns das frühe Mittelalter, daß der raummächtige Angelsachse Bonifatius
Franken, Hessen-Thüringen, Friesen, Baiern in seiner weitausgedehnten und
verbindenden Wirksamkeit organisatorisch zusammenführte. Aber wie war

das unter den arabischen Stämmen? Ist es am Ende so gewesen, daß Mohammed in riesenhaften Konturen geradezu erdrückend die arabische Welt beeinflußte? Konnten neben ihm noch irgendwelche anderen religiösen Heroen aufkommen? Sie werden wohl mit nein antworten müssen. So zeichnet sich hier ein ganz anderer Prozeß ab als im Abendland. Dieses ist farbiger, vielgestaltiger, individualistischer ausgerichtet.

Sie haben uns in allem in Sachen der arabischen Welt einen großen und bedeutenden Schicksalsweg gezeigt von den Anfängen bis zur Gegenwart. Wäre es Ihnen möglich, einmal in einem anderen Vortrag die Kulturfunktion und die Kulturproduktion dieser arabischen Welt uns in vergleichenden Ausblicken zu anderen Kulturen näher zu bringen? Immer wieder drängen sich solche Vergleiche auf. So bin ich verurteilt, nächstens in Essen über die Ärzte Kosmas und Damian zu sprechen, die Schutzherren dieser Abteistadt waren. Levantinische, im besonderen byzantinische Probleme zeichnen sich bei diesen medizinischen Dioskuren in ihrer Einwirkung auf die westliche Welt ab. Hat das Morgenland doch dem Westen in der Tat hochwertige Ärzte gestellt, schon in merowingischer Zeit und darüber hinaus. Kosmas und Damian wirken hier als Symbole und Bindeglieder, ja wir hören, daß die Legende Arabien als ihr Geburtsland angibt. Diese Wertschätzung erfahrungsreicher arabischer Medizin lief weit durch das Mittelalter. Man denke an arabische Ärzte, die der Staufer Friedrich II. um sich hatte. In Hinsicht auf diese und andere Geschehnisse regt sich der Wunsch, wie angedeutet, über die Ausstrahlung und Einwirkung der arabischen Welt näheres zu erfahren. Waren doch die Berührungen mit der westlichen Welt ungemein zahlreich. Dabei harren manche Fragenbereiche noch einer näheren Erläuterung. So hört man für das anhebende Mittelalter vom Verkauf von Christen an die arabische Welt, der der sich über Verdun nach Spanien vollzogen hat. Ich erwähne diesen Punkt, da wir einen spanischen Gast bei uns haben. Noch andere Erinnerungen werden geweckt, wenn wir daran denken, daß die Portugiesen des Vasco da Gama-Zeitalters die palästinensisch-arabische Welt von Süden her mit Unterstützung des sagenhaften Priesterkönigs Johannes angreifen wollten, wenn wir weiter hören, daß sie die wehrlosen Pilgerschiffe, die nach Mekka fuhren, mit ihren Geschützen vernichteten. Brennende Fackeln stürzten in das Meer. Noch fehlten den Arabern ja die abendländischen Bombardiere. Diese wurden aus meiner Heimat, vom einstigen Fürstbischof von Münster nach Lissabon als Artilleristen abgegeben. Nach allem wäre es dankenswert, wenn diese vielfachen Berührungen und Spannungen zur arabischen Welt, im besonderen auch nach der Seite der Philosophie und der Medizin, in einem Vortrag ausgebreitet würden, von dem ich glaube, daß er dann einen ebenso starken Anklang finden wird wie der heutige, der grundlegend mehr das Innenleben arabischer Stämme behandelte.

Professor Dr. Werner Caskel

Herr Prälat, ich muß leider bekennen, unsere Wissenschaft ist noch sehr jung. Wo man hintappt, stößt man auf Abgründe. Um diesen Vortrag niederzuschreiben, habe ich 4 Wochen gebraucht, für die Vorarbeiten 25 Jahre. Geben Sie mir noch einmal 25 Jahre, dann könnte ich über die von Ihnen erwähnten Themen sprechen, z. B. über die Medizin. Nur zur Philosophie hoffe ich früher zu kommen. Über die Naturwissenschaft und andere Kulturerscheinungen, deren Übernahme und Vermittlung durch die Araber, sprechen, das kann ich nicht. Sonst müßte ich erzählen, was in den Handbüchern steht.

Professor Dr. Paul Hübinger

Ich möchte drei Fragen stellen. Der Redner sprach davon, daß über den Beduinen und über den Seßhaften doch die öffentliche Meinung als Richter stünde. Das ist ja nun bekanntlich ein unerhört vielschichtiger Begriff. Es würde mich interessieren, worin bei der geschilderten Diskrepanz zwischen Beduinen und Seßhaften diese öffentliche Meinung wurzelt, wer sie bildet und wer sie bestimmt und worin dann die Richterfunktion der öffentlichen Meinung über den beiden Teilen der Bevölkerung besteht. Der Redner sprach ferner mehrfach von der großen Auswanderung, die ja unendliche Folgen nicht nur für Arabien, sondern auch für die gesamte damals bekannte Welt gehabt hat. Wird ein rein religiöser Antrieb für die Auswanderung heute von der Wissenschaft angenommen, oder was für Faktoren sind dabei sonst noch wirksam gewesen? Der dritte Punkt, den ich gerne zur Sprache bringen wollte, bezieht sich auf den Weltherrschaftsgedanken. Der Redner erwähnte, daß in südarabischen Quellen die aus Inschriften bekannten älteren Herrscher in einer verfälschten Weise zunächst einmal zahlenmäßig sehr vermehrt wurden und dann auch als Welteroberer bezeichnet worden sind. Ist diese Vorstellung autochthones Gewächs oder woher kommt dieser Welteroberungsgedanke? Und ferner: ist von da aus auf die spätere islamische Expansion ein Einfluß ausgegangen?

Professor Dr. Werner Caskel

Ich darf an das letzte anknüpfen: Ich sagte ja, die Quraisch (der Stamm des Propheten) die zur Zeit der großen Eroberungen an der Spitze des Islam standen, waren Nordaraber. Diese rühmten sich daher ihrer noblen Verwandtschaft. Darauf antworteten die Südaraber mit einer Geschichtsfälschung und behaupteten: unsere Herrscher waren schon Jahrhunderte früher da und haben schon damals China und Tunis erobert. Aber das sind Dinge, die erst nach der islamischen Eroberung aufgekommen sind. Sie haben vorher gefragt, wie eine öffentliche Meinung bei der Diskrepanz zwischen Seßhaften und Beduinen aufkommen könne. Nun habe ich gerade darauf hingewiesen, aber das ist natürlich bei dem schnellen Ablauf des Films verloren gegangen, daß eben dieser Unterschied zu der Zeit, als der Islam begann, unbedeutend war, weil alle Oasen im Besitz von Stämmen oder im Besitz der seßhaften Abteilungen solcher waren. Daher gab es eine öffentliche Meinung, die beiden, den Seßhaften und den Nomaden, gemeinsam war. Sie haben weiter gefragt: wie kommt sie zustande? Im wesentlichen durch die Dichter. Auf die Frage, wieweit die Religion die Auswanderung bewirkt hat, ist folgendes zu sagen: Es findet ein beständiger Abfluß der Bevölkerung nach Norden statt, aber auch nach Süden, von einem Zentrum, das etwa 100–150 km südlich Mekka liegt. Durch religiöse Bewegungen wird die Abwanderung zusammengeballt. Also das, was stets vorhanden ist, der Drang nach dem „fruchtbaren Halbmond", wie man die Randländer im Norden nennt, und zum Teil auch nach Süden, wird durch religiöse Bewegungen (Islam, Karmaten, Wahhabiten) gesteigert.

Minister Dr. Flecken

Nach Ihren Ausführungen lauteten die Ansprachen stets „Nomaden" und „Seßhafte". War das ständig so und lag darin eine Wertigkeit unter den Gruppen, oder ist das sprachlich oder sonstwie bedingt?

Professor Dr. Werner Caskel

Das ist schwer zu beantworten. Der Prophet, ein Städter, stand den Beduinen ablehnend gegenüber, überhaupt dem Stammeswesen, aber aus religiös-politischen Gründen.

Minister Dr. Flecken

Wurde im übrigen damals der Seßhafte höher gewertet oder der Nomade?

Professor Dr. Werner Caskel

Ich glaube, daß die beiden Gruppen in dieser Zeit gleichstanden. Das hat sich erst später gewandelt; dann freilich haben sich die Nomaden den Seßhaften überlegen gefühlt.

Professor Dr. Hans Erich Stier

In der „Lehre für den Pharao Merikarê" aus dem ausgehenden 3. vorchristlichen Jahrtausend erscheint der Seßhafte, der Ägypter, als der eigentliche Mensch, im Unterschied zum „elenden Asiaten, der nie am gleichen Ort wohnt und dessen Füße wandern", also zum Beduinen. – Hinter den Betrachtungen über die arabische Ausbreitung taucht für den Althistoriker die große Frage nach der Urheimat der Semiten überhaupt auf. Die Ausbreitung semitischer Völkerschaften seit dem 3. Jahrtausend v. Chr. nach Syrien und Palästina, ja Ägypten einerseits, nach den Euphratländern andererseits hat den Gedanken nahegelegt, den Ursprungsherd der zahlreichen semitischen Wanderwellen irgendwie in Arabien zu suchen. Es wäre von Interesse, die Meinung des Herrn Vortragenden zu diesem Problem zu erfahren.

Professor Dr. Werner Caskel

Ich glaube, daß die Semiten in historischer Zeit, also etwa seit 3000, immer dort gewesen sind, wo wir sie nachher finden, d. h. in einem Gürtel, der von Elam über Nordarabien bis nach Nordafrika reicht. Nach Mittel- und Südarabien sind sie erst später gewandert. Wir müssen dort mit einer dunkelhäutigen Bevölkerung rechnen, die noch heute dort an der Küste des Indischen Ozeans sitzt. Die südarabische Kultur ist gewiß nicht von Arabern geschaffen worden, sondern baut auf einer älteren auf. Es ist unwahrscheinlich, daß die Araber vor der zweiten Hälfte des zweiten Jahrtausends nach Südarabien gelangt sind. Die Urheimat der Semiten? Ich habe einmal einen Wirtschaftsgeographen darüber befragt. Er meinte, es stehe fest, daß die Indogermanen und die Semiten den Renntierzüchtern nach Süden gefolgt seien. In jedem Falle müssen wir in sehr früher Zeit mit einer Nachbarschaft von Semiten und Indogermanen rechnen.

Professor Dr. Max Braubach

Ich habe nur eine ganz kurze Frage. Sie haben gesagt, mit diesen Dingen hat sich bisher noch kein Mensch beschäftigt. Das trifft also auch auf die

Araber selbst zu. Haben die Araber heute eine Wissenschaft, die man als solche bezeichnen kann? Weiter, wie steht es mit den Engländern, die doch seit dem ersten Weltkrieg auf das engste mit den Arabern in Verbindung gestanden haben? Gibt es bei den Engländern nicht Arabisten, die sich auch mit diesen Fragen irgendwie beschäftigen?

Professor Dr. Werner Caskel

Nein, das gibt es nicht. Was nun die arabische Wissenschaft anlangt, so ist sie im Mittelalter stehen geblieben, soweit sie nicht von der europäischen beeinflußt ist. In bezug auf die Genealogie und alle damit zusammenhängenden historischen Fragen bewegt sie sich noch jetzt im Kreise der allerdings in Einzelheiten ausgebauten Vulgata von ca. 800. Es ist vor kurzem eine Genealogie aus dem 13. Jahrhundert erschienen; dazu ein Vorwort von einem jungen, sehr tüchtigen arabischen Philologen. Aber dieser steht absolut auf dem vorkritischen Standpunkt. Es ist ihm gar nicht aufgegangen, wie problematisch das ganze Gebäude ist. Bei den heutigen Beduinen existiert kein genealogisches System. Sie haben freilich ein genealogisches Interesse. Aber die Stammbäume beschränken sich auf Häuptlingsgeschlechter und auf ganz kurze Schemata für einzelne Stämme, in denen nur eine einzige Figur aus der alten Genealogie vorkommt, aber an falscher Stelle. Hier ist also die Tradition abgerissen. Es ist das auch nicht verwunderlich; denn das alte genealogische System ist nicht in der Wüste, sondern in den Städten der eroberten Provinzen entwickelt worden.

VERÖFFENTLICHUNGEN
DER ARBEITSGEMEINSCHAFT FÜR FORSCHUNG
DES LANDES NORDRHEIN-WESTFALEN

Bisher sind erschienen:

Heft 1

Prof. Dr.-Ing. Friedrich *Seewald, Technische Hochschule Aachen*
Neue Entwicklungen auf dem Gebiete der Antriebsmaschinen

Prof. Dr.-Ing. Friedrich A. F. *Schmidt, Technische Hochschule Aachen*
Technischer Stand und Zukunftsaussichten der Verbrennungsmaschinen, insbesondere
der Gasturbinen

Dr.-Ing. R. *Friedrich, Siemens-Schuckert-Werke, AG., Mülheimer Werk*
Möglichkeiten und Voraussetzungen der industriellen Verwertung der Gasturbine

52 Seiten, 15 Abbildungen, kartoniert, DM 4,25

Heft 2

Prof. Dr.-Ing. Wolfgang *Riezler, Universität Bonn*
Probleme der Kernphysik

Prof. Dr. phil. Fritz *Micheel, Universität Münster*
Isotope als Forschungsmittel in der Chemie und Biochemie

40 Seiten, 10 Abbildungen, kartoniert, DM 3,20

Heft 3

Prof. Dr. med. Emil *Lehnartz, Universität Münster*
Der Chemismus der Muskelmaschine

Prof. Dr. med. Gunther *Lehmann, Direktor des Max-Planck-Instituts*
für Arbeitsphysiologie, Dortmund
Physiologische Forschung als Voraussetzung der Bestgestaltung der menschlichen
Arbeit

Prof. Dr. Heinrich *Kraut, Max-Planck-Institut für Arbeitsphysiologie, Dortmund*
Ernährung und Leistungsfähigkeit

60 Seiten, 35 Abbildungen, kartoniert, DM 5,—

Heft 4

Prof. Dr. Franz *Wever, Max-Planck-Institut für Eisenforschung, Düsseldorf*
Aufgaben der Eisenforschung

Prof. Dr.-Ing. Hermann *Schenck, Technische Hochschule Aachen*
Entwicklungslinien des deutschen Eisenhüttenwesens

Prof. Dr.-Ing. Max *Haas, Technische Hochschule Aachen*
Wirtschaftliche Bedeutung der Leichtmetalle und ihre Entwicklungsmöglichkeiten

60 Seiten, 20 Abbildungen, kartoniert, DM 6,—

Heft 5

Prof. Dr. med. Walter *Kikuth, Medizinische Akademie, Düsseldorf*
Virusforschung

Prof. Dr. Rolf *Danneel, Universität Bonn*
Fortschritte der Krebsforschung

Prof. Dr. med., Dr. phil. W. *Schulemann, Universität Bonn*
Wirtschaftliche und organisatorische Gesichtspunkte für die Verbesserung unserer
Hochschulforschung

50 Seiten, 2 Abbildungen, kartoniert, DM 4,—

Heft 6

Prof. Dr. Walter *Weizel, Institut für theoretische Physik, Bonn*
Die gegenwärtige Situation der Grundlagenforschung in der Physik

Prof. Dr. Siegfried *Strugger, Universität Münster*
Das Duplikantenproblem in der Biologie

Direktor Dr. Fritz *Gummert, Ruhrgas AG., Essen*
Überlegungen zu den Faktoren Raum und Zeit im biologischen Geschehen und Möglichkeiten einer Nutzanwendung

64 Seiten, 20 Abbildungen, kartoniert DM 4,—

Heft 7

Prof. Dr.-Ing. August *Götte, Technische Hochschule Aachen*
Steinkohle als Rohstoff und Energiequelle

Prof. Dr. E. h. Karl *Ziegler, Max-Planck-Institut für Kohlenforschung, Mülheim (Ruhr,*
Über Arbeiten des Max-Planck-Instituts für Kohlenforschung

66 Seiten, 4 Abbildungen, kartoniert DM 4,75

Heft 8

Prof. Dr.-Ing. Wilhelm *Fucks, Technische Hochschule Aachen*
Die Naturwissenschaft, die Technik und der Mensch

Prof. Dr. sc. pol. Walther *Hoffmann, Universität Münster*
Wissenschaftliche und soziologische Probleme des technischen Fortschritts

84 Seiten, 12 Abbildungen, kartoniert, DM 6,50

Heft 9

Prof. Dr.-Ing. Franz *Bollenrath, Technische Hochschule Aachen*
  Zur Entwicklung warmfester Werkstoffe
Dr. Heinrich *Kaiser, Staatl. Materialprüfungsamt, Dortmund*
  Stand spektralanalytischer Prüfverfahren und Folgerung für deutsche Verhältnisse
  100 Seiten, 62 Abbildungen, kartoniert, DM 7,50

Heft 10

Prof. Dr. Hans *Braun, Universität Bonn*
  Möglichkeiten und Grenzen der Resistenzzüchtung
Prof. Dr.-Ing. Carl Heinrich *Dencker, Universität Bonn*
  Der Weg der Landwirtschaft von der Energieautarkie zur Fremdenergie
  74 Seiten, 23 Abbildungen, kartoniert, DM 6,80

Heft 11

Prof. Dr.-Ing. Herwart *Opitz, Technische Hochschule Aachen*
  Entwicklungslinien der Fertigungstechnik in der Metallbearbeitung
Prof. Dr.-Ing. Karl *Krekeler, Technische Hochschule Aachen*
  Stand und Aussichten der schweißtechnischen Fertigungsverfahren
  72 Seiten, 49 Abbildungen, kartoniert, DM 6,40

Heft 12

Dr. Hermann *Rathert, Mitglied des Vorstandes der Vereinigte Glanzstoff-Fabriken A. G.,
Wuppertal-Elberfeld*
  Entwicklung auf dem Gebiet der Chemiefaser-Herstellung
Prof. Dr. Wilhelm *Weltzien, Direktor der Textilforschungsanstalt Krefeld*
  Rohstoff und Veredlung in der Textilwirtschaft
  84 Seiten, 29 Abbildungen, kartoniert, DM 7,—

Heft 13

Dr.-Ing. E. h. Karl *Herz, Chefingenieur im Bundesministerium für das Post- und
Fernmeldewesen, Frankfurt a. M.*
  Die technischen Entwicklungstendenzen im elektrischen Nachrichtenwesen
Ministerialdirektor Prof. Leo *Brandt, Düsseldorf*
  Navigation und Luftsicherung
  102 Seiten, 97 Abb., DM 9,75

Heft 14

Prof. Dr. Burckhardt *Helferich, Universität Bonn*
  Stand der Enzymchemie und ihre Bedeutung
Prof. Dr. med. Hugo Wilhelm *Knipping, Direktor der Med. Universitätsklinik Köln*
  Ausschnitt aus der klinischen Carcinomforschung am Beispiel des Lungenkrebses
  72 Seiten, 12 Abbildungen, kartoniert, DM 6,25

Heft 16

Prof. Dr. rer. pol. Rudolf *Seyffert, Universität Köln*
Die Problematik der Distribution

Prof. Dr. rer. pol. Theodor *Beste, Universität Köln*
Der Leistungslohn

70 Seiten, 1 Abbildung, kartoniert, DM 4,50

Heft 17

Prof. Dr.-Ing. Friedrich *Seewald, Technische Hochschule Aachen*
Luftfahrtforschung in Deutschland und ihre Bedeutung für die allgemeine Technik

Prof. Dr.-Ing. Edouard *Houdremont, Essen*
Art und Organisation der Forschung in einem Industrieforschungsinstitut der Eisenindustrie

90 Seiten, 4 Abbildungen, kartoniert, DM 5,50

Heft 18

Prof. Dr. med. phil. W. *Schulemann, Universität Bonn*
Theorie und Praxis pharmakologischer Forschung

Prof. Dr. Wilhelm *Groth, Universität Bonn*
Technische Verfahren zur Isotopentrennung

72 Seiten, 17 Abbildungen, DM 5,—

Heft 19

Dipl.-Ing. Kurt *Traenckner, Stellvertr. Vorstandsmitglied der Ruhrgas-AG., Essen*
Entwicklungstendenzen der Gaserzeugung

26 Seiten, 12 Abbildungen, kartoniert, DM 2,50

Heft 21a

Prof. Dr. h. c. Dr. Otto *Hahn,* Präs. der Max-Planck-Ges., Göttingen
Die Bedeutung der Grundlagenforschung für die Wirtschaft

Prof. Dr. Siegfried *Strugger, Universität Münster*
Die Erforschung des Wasser- und Nährsalztransportes im Pflanzenkörper mit Hilfe der fluoreszenzmikroskopischen Kinematographie

74 Seiten, 26 Abbildungen, DM 5,80

Heft 22

Prof. Dr. Johannes *von Allesch, Universität Göttingen*
Die Bedeutung der Psychologie im öffentlichen Leben

Prof. Dr. med. Otto *Graf, Max-Planck-Institut, Dortmund*
Triebfedern menschlicher Leistung

80 Seiten, 19 Abbildungen, kartoniert, DM 4,80

Heft 25

Prof. Dr. Otto *Haxel, Universität Heidelberg*
    Energiegewinnung aus Kernprozessen
    Gegenwartsprobleme der energiewirtschaftlichen Forschung
Dr.-Ing. Dr. jur. Max *Wolf*, Düsseldorf
                    98 Seiten, 27 Abbildungen

In Vorbereitung sind:

Heft 15

Prof. Dr. Abraham *Esau, Technische Hochschule Aachen*
    Die Bedeutung von Wellenimpulsverfahren in Technik und Natur
Prof. Dr.-Ing. Eugen *Flegler, Technische Hochschule Aachen*
    Die ferromagnetischen Werkstoffe in der Elektrotechnik und ihre neueste Entwicklung

Heft 21

Prof. Dr. phil. Robert *Schwarz, Aachen*
    Wesen und Bedeutung der Silicium-Chemie
Prof. Dr. Kurt *Alder, Universität Köln*
    Fortschritte in der Synthese von Kohlenstoffverbindungen

Heft 23

Prof. Dr. phil. Dr. jur. h. c. Bruno *Kuske, Universität Köln*
    Probleme der Raumforschung
Prof. Dr. Dr.-Ing. e. h. *Prager*
    Städtebau und Landesplanung

Heft 23a

M. *Zvegintzov*, Wissenschaftliche Forschung und die Auswertung ihrer Ergebnisse.
    Ziel und Tätigkeit der National Research Development Corporation
Dr. Alexander *King, Department of Scientific & Industrial Research, London*
    Wissenschaft und internationale Beziehungen

Heft 24

Prof. Dr. Rolf *Danneel, Universität Bonn*
    Über die Wirkungsweise der Erbfaktoren
Prof. Dr. K. *Herzog, Medizinische Akademie Düsseldorf* und *Chirurgische Klin. 2 Krefeld*
    Bewegungsbedarf der menschlichen Gliedmaßengelenke bei der Berufsarbeit.

Heft 26

Prof. Dr. Friedrich *Becker, Universität Bonn*
    Ultrakurzwellen aus dem Weltraum, ein neues Forschungsgebiet der Astronomie
Dozent Dr. H. *Straßl, Bonn*
    Bemerkenswerte Doppelsterne und das Problem der Sternentwicklung

H e f t 27

Prof. Dr. Heinrich *Behnke, Universität Münster*
    Der Strukturwandel der Mathematik in der ersten Hälfte des 20. Jahrhunderts
Prof. Dr. E. *Sperner, Bonn*
    Eine mathematische Analyse der Luftdruckverteilungen in großen Gebieten

GEISTESWISSENSCHAFTEN

Bisher sind erschienen:

H e f t 1

Prof. Dr. *Richter, Bonn*
    Die Bedeutung der Geisteswissenschaften für die Bildung unserer Zeit

Prof. Dr. J. *Ritter, Münster*
    Die aristotelische Lehre vom Urprung und Sinn der Theorie

H e f t 5

Prof. Dr. Th. *Ohm, Münster*
    Stammesreligionen im südlichen Tanganyika-Territorium
        80 Seiten, 25 zum Teil mehrfarbige Abbildungen, DM 11,50

H e f t 7

Prof. Dr. W. *Holtzmann, Bonn*
    Das mittelalterliche Imperium und die werdenden Nationen
        28 Seiten, DM 2,50

H e f t 13

Prof. Dr. *Max Braubach, Bonn*
    Der Weg zum 20. Juli 1944 — Ein Forschungsbericht
        48 Seiten

In Vorbereitung sind:

H e f t 2

Prof. Dr. J. *Kroll, Köln*
    Elysium
Prof. Dr. G. *Jachmann, Köln*
    Die vierte Ekloge Vergils

H e f t 3

Prof. Dr. H. E. *Stier, Münster*
    Die klassische Demokratie

H e f t 4

Prof. Dr. W. *Caskel, Köln*
Lihjan und Lihjanisch. Sprache und Kultur eines früharabischen Königreiches

H e f t 6

Prälat Prof. Dr. G. *Schreiber, Münster*
Deutsche Wissenschaftspolitik von Bismarck bis zum Atomphysiker Otto Hahn

H e f t 9

Prälat Prof. Dr. G. *Schreiber, Münster*
Iroschottische und angelsächsische Kultureinflüsse im Mittelalter

H e f t 10

Prof. Dr. P. *Rassow, Köln*
Forschungen zur Reichsidee im 16. und 17. Jahrhundert

H e f t 11

Prof. Dr. H. E. *Stier, Münster*
Roms Aufstieg zur Weltherrschaft

H e f t 12

Prof. Dr. K. H. *Rengstorf, Münster*
Zum Problem der Gleichberechtigung zwischen Mann und Frau auf dem Boden des Urchristentums

Prof. Dr. H. *Conrad, Bonn*
Grundprobleme einer Reform des Familienrechts

GPSR Compliance
The European Union's (EU) General Product Safety Regulation (GPSR) is a set
of rules that requires consumer products to be safe and our obligations to
ensure this.

If you have any concerns about our products, you can contact us on

ProductSafety@springernature.com

In case Publisher is established outside the EU, the EU authorized
representative is:

Springer Nature Customer Service Center GmbH
Europaplatz 3
69115 Heidelberg, Germany